科学家，请回答

大气漫游记

科学队长 编著　　高兰 绘

中信出版集团 | 北京

图书在版编目（CIP）数据

大气漫游记 / 科学队长编著；高兰绘. -- 北京：
中信出版社, 2020.10
（科学家，请回答）
ISBN 978-7-5217-2285-7

Ⅰ.①大… Ⅱ.①科… ②高… Ⅲ.①气象学-儿童
读物 Ⅳ.①P4-49

中国版本图书馆CIP数据核字(2020)第181003号

大气漫游记
（科学家，请回答）

编 著 者：科学队长
绘　　者：高兰
出版发行：中信出版集团股份有限公司
（北京市朝阳区惠新东街甲4号富盛大厦2座　邮编　100029）
承 印 者：鸿博昊天科技有限公司

开　　本：787mm × 1092mm　1/16　　印　　张：4　　字　　数：64 千字
版　　次：2020 年 10 月第 1 版　　印　　次：2020 年 10 月第 1 次印刷
书　　号：ISBN 978-7-5217-2285-7
定　　价：25.00元

出　　品：中信儿童书店
图书策划：科学队长　知学园童书
策划编辑：于姝　贾怡飞　　责任编辑：温慧　　营销编辑：张超　李雅希　王姜玉珏
封面绘制：高兰　　封面设计：韩莹莹　　内文排版：王莹

服务热线：400-600-8099
投稿邮箱：author@citicpub.com

了解气象知识，是对自己和家人负责

中国科学技术大学
地球和空间科学学院教授　陆高鹏

很多孩子对天空充满了好奇，梦想着探索大气的奥秘。别小看了这小小的好奇，正是这些最平常的好奇心，才推动了人类科学史的不断发展。

我们人类的家园——地球，只有一个，而大气则是我们生活的主要环境，因此，大气的各种状态，如温度、湿度、污染指数等等，或多或少都在影响着我们每个人的生活质量。而且，大气也是地表、海洋等陆面构造同高层空间之间联结的纽带，因此，孩子们学习大气科学的基本知识，也能为了解整个地球系统的平衡打下基础。

我们日常生活中见到的很多神奇的大气现象，比如说彩虹、火烧云、海市蜃楼、雾凇等等，都充满了神秘和美感，能够激发孩子的好奇心。龙卷风是从哪里来的？天空为什么是蓝色的？雾霾会影响我们的健康吗？怎么才能躲避闪电？通过对这些大气现象的探索，孩子可以养成细致观察和独立思考的习惯，获得系统分析问题的能力。当前，大气科学还有很多未知领域需要去开拓，让孩子从小就开始了解大气科学知识，将为社会培养更多具有原创性思维的科学工作者。

同地震、火山等地质灾害相比，一次气象灾害（如暴雨、龙卷风、台风等）造成的损失可能并不是那么惊人，但是它的分布要更为广泛，发生也较为频繁。此外，在全球变暖的大趋势下，灾害性、极端性天气越来越多，造成的生命财产损失也越来越大。因此，需要加强大气科学研究的力度，做好气象减灾知识的科普和宣传，尽可能地做好防灾减灾工作，减少气象灾害造成的损失。这需要政府部门和社会团体做大量的工作，但毕竟涉及面有限，很多情况下不能完全满足公众的需求。

因此，公民必须具备自救能力，需要掌握一定的相关知识。孩子是弱势群体，为他们做好气象科普尤为重要：一方面，有助于提高他们的气象防灾自救的能力；另一方面，气象与生活息息相关，孩子掌握了相关知识，也能更好地了解大自然，更好地提高生活能力。

目 录

云朵：飘在天上的棉花糖

大家好，我是本书的科学队长，大气物理学家陆高鹏，接下来将带领大家一起漫游奇妙的大气层。

大家好，我是问题多多，喜欢刨根问底的小问号。科学队长，这一讲我们聊什么呢？

晴朗的白天，我们仰望天空，总能看到白云在空中静静地飘着，仿佛一朵朵雪白的棉花糖。

真想咬上一口，尝一尝是不是和棉花糖一样香甜绵软。

可惜，我必须负责任地告诉你，它们和棉花糖完全风马牛不相及。云朵的形成其实和藏在空气中的小水滴的旅行有关。

这又是怎么一回事呢？科学队长，快带我们去一探究竟吧！

说到小水滴，大家并不陌生，它们是我们每天都能见到的朋友，地面上、草丛里、湖泊中经常能看到它们的身影。早晨太阳升起来的时候，阳光照耀在大地、海面、湖泊上，地面吸收了太阳散发出来的光和热之后就会变得温暖起来。这时候，沉睡的小水滴也都慢慢苏醒了过来，开始踏上去往天空的旅程。这时，它们会化身为大家看不到的水蒸气，离开地面进入空气中，我们把这个过程叫作蒸发。这就像是平时我们烧开水一样，一壶看起来很平静的水，里面其实包含了许多不断运动着的小水滴。水越冷，小水滴运动得越慢；水越热，小水滴运动得就越快；当小水滴运动的速度足够快时，就能够离开水面。水烧开的时候，我们能看到不断往上冒的白气，这就是大量水蒸气凝结成的小水滴。不过，由于每天从地球表面蒸发到空气中的小水滴实在太小了，而且蒸发速度也很慢，所以我们用肉眼是看不到的。

离开地表去高空旅行的水蒸气越飞越高，距离温暖的地面越来越远，所以周围的空气变得越来越冷。就像我们感到寒冷时会围在一起取暖一样，当周围的空气温度下降到一定程度的时候，水蒸气也会放慢运动速度，围绕着空气中细小的悬浮微粒聚集在一起，这些细小的微粒我们通常称为凝结核，而水蒸气就会变成小水滴和小冰晶。这时，小水滴终于到达了它们天空之旅的目的地，这些

我们原本无法看到的小水滴和小冰晶大量聚集在一起直到达到饱和，就会把太阳发出的光芒散射到各个方向上，也就是**光的散射**，这时我们就能看到云朵了。

那么有人就好奇了：云朵包含了那么多的小水滴和小冰晶，为什么没有从天上掉下来呢？这是因为，云只是外表看起来很大，它的重量是很轻的，就像氢气球一样，在空气浮力的作用下完全能够停留在空中。但这并不是说，一朵云可以包含无限多的小水滴和小冰晶。当云朵中的水滴和冰晶太多，多到空气给云朵的浮力承受不了它们重量的时候，它们就会离开云朵从天上掉落下来，小冰晶们在下降过程中离温暖的地面越来越近，就会慢慢融化，成为我们经常看到的小雨滴，这就是降雨。如果地面温度足够低的话，小水滴结成冰晶后，落到地面仍是固态，这就是降雪。小水滴也正是通过降水过程才回到了地面。

说完了云朵的形成，我们注意到，有

光的散射：光束通过有尘埃的空气等不均匀的介质时，部分光线改变方向而分散传播的现象。例如，通过小孔射入暗室内的太阳光束被空气中的尘埃散射而被看见。

时天上的云过了一会儿就看不见了，你知道它们为什么会消失不见吗？其实，下雨、刮风等都会让小水滴和小冰晶大量地离开云朵；另外，如果周围的环境发生变化，使云朵变暖、变干，也会使小水滴和小冰晶不再聚集在一起，离开云体。不管是出于什么原因，只要减少、分散了云朵中的小水滴和小冰晶，让它们不再聚集在一起，云朵对太阳光的反射就逐渐减弱，这样我们也就看不见它们了。气象工作者们就是根据这样的原理进行人工消云的。

大家知道吗？其实小水滴和小冰晶除了呈现出雪白蓬松的棉花糖模样，还可以有不同的外观和颜色。在云朵大家族里，每朵云包含的小水滴和小冰晶都不同，就像每个人的长相和性格都有自己的特点一样，云朵也有自己的独特之处。比如它们厚度的差别可能很大，厚的能达到几千米，而薄的只有几十米，所以我们看到天空中的云有的像一朵巨大的花椰菜，有的却像一层铺在天上的薄纱。

除了厚度的差别，在太阳的照耀下，云朵的颜色也会有所不同，除了雪白的云，我们还能看到其他颜色的云。比如下雨前天空往往堆着的乌云，这是由于大量的小水滴蒸发到空气中形成了厚厚的云，太阳光没办法穿过云层，所以当我们逆着阳光看云朵的时候，看到的就是灰云甚至是黑云。除此之外，早晨和傍晚天边鲜艳的彩霞也是云朵家族的一员。我们知道，阳光其实是由七色光组成的，分别是红、橙、黄、绿、蓝、靛、紫。前面已经讲过了光的散射，阳光一遇到云朵中的小冰晶和小水滴，就会被它们散射到各个方向上。而早晨和傍晚的时候，阳光是斜着穿过云层的，需要在大气层中通过更长的距离。其中红光、橙光和黄光的穿透性最好，更容易顺利穿过云层被我们看到，因此大家见到的“朝霞”和“晚霞”大多数是红色和黄色的。

说了这么多，相信大家都对云朵有了更深的了解。虽然云朵的形状和颜色各不相同，就是说没有两片云是一样的，但它们都是由蒸发到空气中的水蒸气通过凝结*和凝华*变成的，可不像美味的棉花糖一样是用白糖做的哟！以后我们抬头看到天空中形状各异、颜色

* 物体遇冷由气态变成液态叫作凝结，跳过液态直接变为固态叫作凝华。——编者注

不同的云朵时，会不会更多了一层因为了解而产生的亲近感呢？你可以朝它们挥一挥手，问候一下这些聚集在空中的小水滴和小冰晶。

听完了云朵的故事，我来考考大家：我们可以看见云，是因为什么原理呢？

科学队长，这个问题有点难呢。小朋友们知道答案吗？

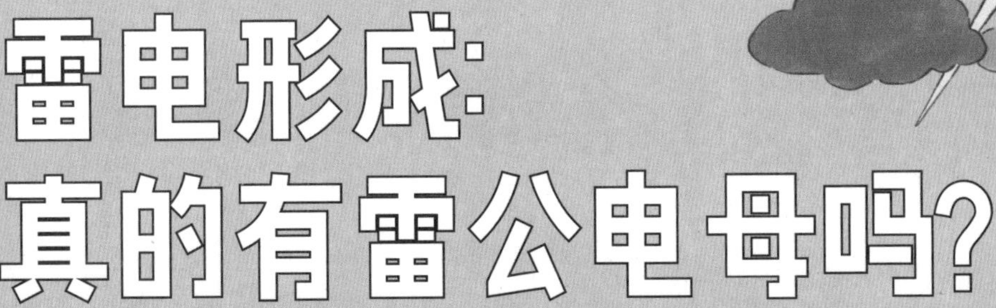

雷电形成：真的有雷公电母吗？

小问号，你知道夏天下雨的时候，通常伴随着什么自然现象吗？

夏天下雨的时候，您是说打雷和闪电吗？

没错，看过《西游记》的小朋友一定记得，天庭里住着负责打雷闪电的雷公和电母，二人手持雷神锤和乾元镜一施法，天空中顿时就电闪雷鸣起来了。

我知道，我知道，这两位神仙看起来真的好神气哟。可是科学队长，天上真的有雷公电母吗？

想知道答案的话，就跟我一起去天上走一遭，看看雷电到底是怎么产生的吧！

好呀，那我们快出发吧！

电荷：电荷分为正电荷和负电荷两种，带有电荷的物质被称为“带电物质”。异种电荷互相吸引，同种电荷互相排斥。电荷的单位是库仑。

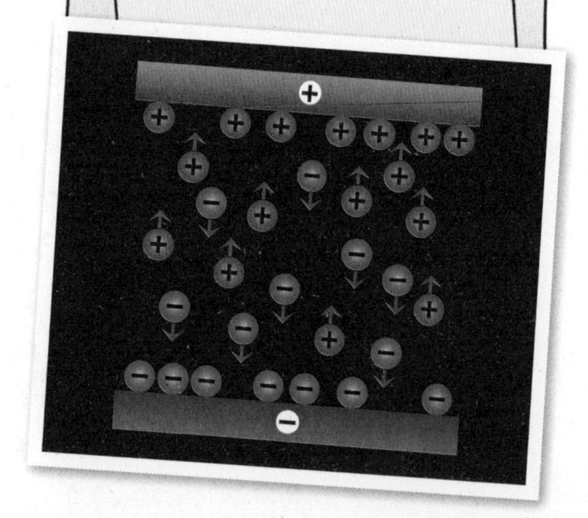

雷电是如何形成的呢？真的是天上的神仙们用法器和神力制造出来的吗？当然不是啦！雷公电母只是神话故事中的角色罢了。在很久很久以前，人们就想知道雷电是怎么形成的了。有一则流传很广的故事，据说，美国的科学家本杰明·富兰克林曾经进行过“风筝实验”。他把一个用细细的金属丝连接的风筝放飞，风筝飞着飞着，一直飞进了雷暴云中。随后，空气中许多的电荷就排队沿着风筝上细细的金属丝游动，它们游得非常快。富兰克林还没反应过来，手上就一阵发麻，雷电流从他手上流过了。

也有人说富兰克林并不曾进行过“风筝实验”，而且这个实验真的超级危险，小朋友们千万不要尝试！不过，有一点今天的人们已经可以肯定，那就是雷电其实就是空气中的一种自然放电。天空中的云彩，因为各种原因可能会带上**电荷**，等达到一定的条件，这些电荷就会像放了学的小朋友一样跑出来，这就是

放电。不过雷电十分危险，大家雷雨天一定要待在室内或者其他安全的地方，小心触电。

你现在知道雷电是空气在放电，而不是雷公电母的法术了，那么这种放电现象到底是怎么产生的呢？在解答这个问题之前，先请大家回答一个问题：你们知道雷电一般发生在什么时候吗？

在闷热的夏日午后，天空中突然乌云密布，狂风大作，紧接着就是黄豆般大小的雨滴敲打着房屋的玻璃，然后一道闪光划破天际又很快消失了，接下来就是轰隆隆的雷声。这样的场景我们大家应该都遇见过吧。其实这并不是偶然的，雷电经常出现在夏季，尤其是乌云密布的午后。那为什么是这个时候呢？

雷电的产生离不开雷暴云，也就是我们前面提到的密布的乌云，通常在这种黑压压的乌云里面会产生许多带着不同类型电荷的颗粒。目前大多数科学家认为，这些不同类型的带电颗粒主要是由于云里非感应起电机制产生的。那什么是非感应起电机制呢？你们可以想象一下，在高空的云里面，温度非常低，有的地方能够达到零下 40 摄氏度，在这里，小水滴会凝固成大小不一样的小冰晶，而小冰晶本身带有相同数量的正电荷和负电荷。

在云里面，大小不一样的小冰晶会随着空气流动而碰撞在一起，温度高于零下 10 摄氏度的地方，大冰晶和小冰晶碰撞之后，大冰晶就会用自己的正电荷和小冰晶的负电荷交换；温度低于零下 10 摄氏度的地方，大冰晶就会用自己的负电荷和小冰晶的正电荷交换。这样一来，不同大小的冰晶就会携带数量不一样的正电荷和负电荷。拥有正电荷数量比负电荷数量多的小冰晶就会聚集在一起，形成一个小集体；拥有负电荷数量比正电荷数量多的小冰晶也会聚集起来，形成另一个小集体；这样的一个个小集体就被科学家们称为电荷堆。这些电荷堆就是雷电的妈妈，雷电就是在它的肚子里孕育出来的。随着雷电妈妈的肚子不断长大，里面集聚了大量的电荷，只等一个恰当的时机，小雷电就出生啦！新生的小雷电有很多不同的样子，也有多种不同的发展轨迹。

雷电终于诞生了，但是光凭肉眼没法判断它们是“男孩”还是“女孩”。不过不用担心，

现在从事雷电研究的科学家们可以通过多种设备来分析雷电，并且还给它们分了类。根据闪电的形状，可以分为枝状闪电、带状闪电、叉状闪电、球状闪电等。顾名思义，枝状闪电就是闪电的形状很像大树的树枝，有很多树杈，十分美丽。带状闪电很像动画片《哪吒闹海》中哪吒使用的法宝混天绫。这里面最有趣的当属球状闪电，前面两种闪电我们在现实中见到过，不过球状闪电只有科学家在实验中曾经拍到过，它就像大火球一样，神出鬼没，变化无穷，大家是不是很期待见到呢？

说完闪电的形状，我们再来看看闪电的发展轨迹。根据发展轨迹，闪电可以分为云闪、地闪和中高层闪电等。云闪就是发生在云内的闪电，闪电不会击中地面。地闪很显然就是那些打到地面或者房屋上的闪电。这两种闪电都比较常见。所谓中高层闪电主要指向着天空发展的雷电，现如今主要观测到的中高层闪电有红色精灵、蓝色喷流和巨大喷流这三种。红色精灵是一种红色的闪电。蓝色喷流是一种蓝色光束，持续时间不到 1 秒，一眨眼工夫就消失了。最后就是巨大喷流，最强的巨大喷流可以从闪电孕育的地方一直发展到 90 千米的高度。

跟着科学队长在雷电的世界走了一趟，大家一定收获不少吧？现在你们应该明白雷电其实不是雷公电母制造的，而只是一种自然界的放电现象，还知道了雷电有好多不同的形状和发展轨迹，是不是很神奇？

听完了闪电的故事，小问号，你还记得长得像大树的闪电是什么闪电吗？

长得像大树的闪电嘛，当然就是……哈哈，还是请小朋友们来回答吧。

龙卷风：从天而降的巨龙到底有多厉害？

看过《绿野仙踪》的小朋友，还记得善良的多萝西是怎样意外地来到奥兹国的吗？

是因为一场龙卷风吧。在奥兹国里，多萝西还结识了许多小伙伴……

那你有没有想过，龙卷风是怎样产生的，它的威力有多大呢？

这个我还真不知道呢，该不会是怪兽在作怪吧，哈哈哈！

当然不是啦！龙卷风的形成和大气的运动有关系哟。

那请科学队长为我们讲讲龙卷风的故事吧。

龙卷，又叫龙卷风，是一种范围小而时间短的强烈的空气涡旋。那么，涡旋又是什么呢？浴缸里的水从下水口排走的时候，我们能看到水流形成了一个漩涡，像漏斗一样，空气也会形成这样的旋涡，而且破坏力非常大，这就是空气涡旋。

从气象学的角度来解释，龙卷风通常在天气情况不稳定的时候出现，当几股气流像碰碰车那样撞到了一起，就形成了一种高速旋转的、像漏斗一样的强风旋涡，龙卷风由云底伸展到地面，因此看起来是漏斗状。你知道它在高速旋转时的速度有多快吗？根据科学家的测量和计算，龙卷风的中心附近风速比火车行进的速度还快，最大甚至可以超过声音在空气中的传播速度（340 米/秒），这速度是我们常见的台风风速的好几倍！龙卷风就像一头巨大的怪兽，它能够拔起大树、掀翻车辆、摧毁建筑物等，甚至还能把人和物卷走，《绿野仙踪》里的多萝西就是被一场龙卷风带到了奥兹国。

威力巨大的龙卷风究竟是如何形成的呢？可以说龙卷风的产生来源于一次“打架”，这是什么意思呢？其实，就是冷空气和暖空气相遇之后发生了冲突，而且在它们周围一群乱糟糟的气流还不断起哄。地面上的水在太阳的照射下会吸收热量，远离地面成为水蒸气，它们会一直上升，到了高空温度降低，它们就会放出热量重新变回液态水，这就是白云的来历。

天上的白云看起来安安静静地享受温暖的阳光，但是它的身体里实际上有着很强的气流。随着白云的身体不断变大，这种气流运动也会越

来越激烈。在风的影响下，这些气流团团转，形成了涡旋，涡旋越跑越快，之后就会朝地面的方向跑去，形成了漏斗状云柱，这就是龙卷风。强大的龙卷风就像怪兽一样扑来，是所有大气现象中威力最大的，有着极强的破坏力。

那龙卷风究竟会对我们造成怎样的影响和危害呢？你别看龙卷风只有细细的一条，影响的范围也不大，但是它的破坏力非常强。龙卷风横扫而过，就像一个张开大嘴的妖怪，可以将地面的尘土、树枝等杂物全部卷起来；如果龙卷风撞击到房屋，也许会把房屋砸出一个大窟窿，甚至会伤害到人。当龙卷风横穿建筑物或扫过车辆时，转瞬间就会使房屋倒塌、汽车翻滚起来，甚至将它们卷到半空中。龙卷风掠过的农田、果林、道路，几乎满目疮痍，会严重妨碍我们的工作和出行。如果龙卷风摧毁了水利设施和电线电缆，还会造成停水停电，我们做不了饭洗不了澡，日常生活受到非常大的影响。

狂暴的龙卷风能带来如此严重的灾难，那龙卷风经常发生在什么时候，又在哪里呢？龙卷风经常在夏季出现，并且多在下午和傍晚现身，那时气流运动比较剧烈，更容易产生龙卷风。而到了冬季，气流运动没有那么剧烈，龙卷风出场的时候并不多。有时，几个龙卷风甚至会一起出现，这些破坏力极强的怪兽们一起作乱，造成的危害也会加倍。还有，在火山爆发或者发生大火灾的时候，也可能产生龙卷风，这种龙卷风称为火龙卷或烟龙卷，而在水面上形成的龙卷风称为**水龙卷**。龙卷风里带有火焰或者水流，光是想一想就觉得真是可怕极了！

据科学家们统计，全世界每个陆地国家都有龙卷风出现的记录，其中美国是发生龙卷风事件最多的国家，平均每天发生5次。因此人们也把美国称为“龙卷风之

知识加油站

原来龙卷风不仅会出现在陆地上，水面上也有它们的身影。

没错，水龙卷又称“龙吸水”，危害也是很大的。

水龙卷：一种偶尔出现在温暖水面上空的龙卷风。它的上端与雷雨云相接，下端直接延伸到水面，一边旋转，一边移动。快速旋转的气柱状水龙卷，危险程度不亚于龙卷风，内部风速可超过每小时200千米。

乡”，这里每年都会受到一两千次强大龙卷风的袭击。为什么美国的龙卷风这么多呢？这在很大程度上与美国比较特殊的气候环境、地理位置等有关：北美大平原直接沟通了北冰洋和墨西哥湾，因此从北极南下的冷空气和墨西哥湾北上的暖湿气流经常直接硬碰硬，导致龙卷风多发。中国龙卷风发生的次数相对比较少，主要发生在华南和华东地区，比如南方的广东省、西沙群岛经常受到龙卷风的侵袭。

龙卷风这么可怕，如果遇到了该怎么办呢？如果龙卷风肆虐时，我们在家，要远离门、窗和靠近户外的墙壁，及时切断家里的电源，然后迅速躲到与龙卷风方向相反的墙壁或者小房间里，抱头蹲下，并且拿被子、枕头等护住自己的头部。地下是躲避龙卷风最安全的地方，如果你在马路上遭遇了龙卷风，应该迅速前往地铁站或者地下商场。如果龙卷风袭来时你身处野外，应该远离大树和电线杆，就近寻找低洼处趴在地面上。总之，遇到龙卷风时，大家注意千万不要惊慌，要冷静下来沉着应对。

也许有人会问，难道不能像预报天气一样，预报龙卷风吗？目前由于技术水平和观测条件的限制，科学家们还没有找到很好的办法预报龙卷风，因此，我们更要了解龙卷风，学习并掌握相关的应对措施，这样当龙卷风突袭时，才能更好地保护自己和他人。

听完关于龙卷风的介绍，科学队长要来考考你了：为什么会产生龙卷风呢？

小朋友们知道答案吗？请把你们的答案写在下面吧。

答案：是因为强大的冷暖空气相遇后，产生了剧烈的冲突。

雪花：千变万化的小精灵

小朋友们喜欢雪吗？随着冬季的到来，雪花也悄悄地迈着轻盈的步伐来到了人间。

小问号就特喜欢雪，要是下一场大雪，我和小伙伴们就可以在雪地上嬉闹玩耍，打雪仗，堆雪人……好玩极了。

那你有没有仔细观察过雪花？如果你在放大镜或显微镜下仔细观察，你会发现每一片雪花都藏着惊人的美，没有两片完全相同的雪花。

什么？每一片雪花居然都长得不一样？小问号还以为它们都长得差不多呢。

哈哈，那这一节的内容你要好好听讲哟。

好的，科学队长，那咱们现在就开始吧。

科学队长，您说的晶体是什么呢？

好呀，那我们一起来进一步了解一下晶体吧。

晶体：是由大量的微观物质（如原子、离子、分子等）按一定规则有序排列的结构。自然凝结的、不受外界干扰而形成的晶体拥有整齐规则的几何外形。常见的晶体有钻石、水晶、冰等。雪花是一种平面晶体。

▼威尔森·本特利拍摄的雪花

人们对于雪花的观察，从很久很久之前就开始了。宋代人编写的《太平御览》中援引西汉诗人韩婴的《韩诗外传》说："凡草木花多五出，雪花独六出。"意思就是说，普通的花花草草都是五瓣，唯独雪花却是六瓣的。那么，什么是"雪花六出"呢？就是说雪花都是对称的六边形，这也是雪花最典型的形状。但其实，雪花的形状可多着呢！正如世界上没有两片完全相同的树叶，世界上也没有两片完全相同的雪花。截至 2013 年，人们已将雪花细分为 121 种类型之多！我们最常见到的雪花是平面**晶体**，古人说的"雪花六出"指的就是这种。

为什么雪花的形状如此不同呢？实际上，科学家至今也没有完全弄明白雪花形状究竟受哪些因素影响。不过总体来说，雪花的形状会因为空气湿度和温度的不同而有一些变化。例如，在干燥的北方冬季，下的雪经常是面粉一样的细小冰晶；在相对湿润的地方，则比较容易形成漂亮

的六边形雪花。温度当然也对雪花的形成至关重要。根据科学家的研究，在零下 10 摄氏度至零下 5 摄氏度之间，容易形成像细针或者柱子一样形状的雪花；温度更高或更低的时候，雪花则以六边形为主。而实际情况下，湿度、温度以及其他因素往往同时起作用，所以就算是北京和天津同时下了雪，雪花形状也可能差别很大。这也造就了各种各样的雪花。

雪花又是怎样形成的呢？这个问题目前没有定论，但科学家们尝试给出了一些解释。美国国家海洋和大气管理局这样解释雪花形成的过程：在天气非常寒冷的时候，一个小水滴落在花粉或者灰尘等细小固体上时，水滴会结冰，但是这时形成的小冰核还只是一个小冰晶，就像一块特别特别小的冰糖一样，没有那么美丽的形

哇，威尔森·本特利真有探索精神，好想看看他拍摄的雪花呀。

好呀，那我们一起来了解一下威尔森·本特利和他拍摄的雪花吧。

威尔森·本特利（Wilson Bentley）：雪花拍摄先驱，一生拍摄过的雪花数量超过5000朵，其中没有任何重复的记录，他后来成为了科学家，著有《雪晶》（*Snow Crystals*）一书。

状。有了这个核心之后，其他水分子会逐渐聚集到冰核上。然后，水分子互相拉着小手沿着一定的方向生长，最终形成对称的多边形。

讲到这里，想为大家介绍一个人，他的名字叫作**威尔森·本特利**，1865年出生于美国佛蒙特州的一个农场。当他还是个孩子的时候，就非常喜欢观察细微的事物，15岁时他得到了人生第一台显微镜，并开始记录雪花。一开始只能用手绘制，但雪花一旦融化便无法继续了，最好的办法是使用照相机。可照相机在那个年代是稀罕物件，幸好在家人的支持下，他最终成为了历史上第一位拍摄雪花的人。

可能你会感到奇怪，科学家为什么要研究雪花呢？其实，气象学家研究雪花的各种结构，可以帮助化学家判断晶体中的原子结构和位置，对人类认识和改造自然有重要意义。

现在，我们对雪花的形状分类以及雪花形成的过程有了初步的认识。但是，人类对雪花的研究还远远不够，还有很多有意思的问题等着我们去回答。下一次下雪的时候，你可以和爸爸妈妈一起观察一下雪花的形状，也许你会发现一个不一样的、充满了魅力与惊喜的微观世界。

美丽雪花的故事听完了，大家还记得影响雪花形状的主要因素有哪些吗？

主要有两个因素哟！小朋友们知道答案吗？

天气预报：天气是怎样预测的？

本讲故事的主角是一位神奇的预言家，估计很多小朋友都迫不及待地想认识一下了。

那他知道人类什么时候能到外太空生活，多少年后外星人能和地球人见面吗？

你说的这些并非这位预言家的专长，它擅长预言未来一段时间的天气情况，它，就是天气预报。

天气预报我们很熟悉呀，可以告诉我们第二天出门要不要加衣服，是否需要带伞。不过我还是很好奇，人们到底是怎么预测天气的呢？

天气预报对于农业生产、森林防火、交通运输、海洋作业都有着重要的意义。那我们就一起看看，人类怎样预测天气。

好呀，科学队长。咱们这就开讲啦。

首先，让我们认识一下天气预报。天气预报是我们人类的好朋友，**气象站**的工作人员每天辛苦地研究气象，通过各种仪器设备来预测未来一段时间里的天气情况，然后把结果发布出去。比如，晴天还是阴天，温度多少，风大不大，会不会下雨，如果下雨的话，降水的强度会多大……通俗一点说，就是预先告诉大家未来的天气。

为了做到这一点，气象站的工作人员首先要做好气象观测的工作，比如要知道风从哪里来，又往哪里去，它走得是快还是慢……还要观察天空中的云，看一看云朵们都是什么形状，是高还是矮，是多还是少……此外，还要了解太阳每天什么时候升起，什么时候落下。

气象观测可是气象站的工作人员要做的基础工作，他们不仅要观测地面和天空，还要观测海洋，了解海洋的运动以及海水的变化。也许有人会问，很多人并不生活在大海上，为什么还要了解海洋的天

科学队长，气象站长什么样子呀？我好像从来都没有见过。

小问号，如果你注意观察的话，就会发现气象站与我们的生活离得并不遥远。

气象站：根据用途、安装方式、精确度可分为便携式气象站、高精度气象站、高速公路气象站、森林火险气象站、电力气象站、校园气象站、景区气象站、社区气象站等。

气呢？

其实海洋和陆地的关系可是非常亲密的，它们还会像好朋友一样彼此影响。海洋是个慢性子，所以，它的温度变化会比陆地慢一点。白天的时候，阳光穿透云层照射下来，海水温度升高的速度比陆地慢。这样，在相同时间里，陆地比较热，上空会有很多的热空气；海洋比较冷，上空就是冷空气。因为热空气比冷空气轻，就会往上走，这时候陆地表层的空气就会减少，为了补充陆地表层空气的流失，海洋的冷空气就会来到陆地上，所以这个时候，风是从海洋吹向陆地的。大家如果去过海边的话，就会知道海边很湿润，空气也湿漉漉的，风吹在脸上凉凉的，特别舒服。到了晚上，太阳落山以后，温度就会降低，海洋这个慢性子就连降温也比陆地慢些。于是情况就反过来了，陆地上空变成了冷空气，海洋上空变成了热空气，陆地的冷空气会吹向海洋。而陆地的风是干燥的，如果你这个时候不注意保护皮肤，皮肤就会变得干干的。所以，想要了解大陆地区的天气情况，海洋观测也必不可少。

那么，预报天气只要有工作人员就足够了吗？当然不是，还需要好多好多的观测仪器。这些仪器每天负责收集不同地点的气压、气温、风速、风向、湿度等数据。我们发射到空中的气象卫星，每天绕着地球转啊转，观察地球上的云、风、大气运动、太阳辐射情况，还有各种天气现象。而**天气雷达**则好比“千里眼”和“顺风耳”，能够通过发射信号，探测空气中云和雨的信息等。工作人员则负责收集整理各种气象资料，绘出天气图，同时将这些天气变化信息输入分析数据的机器中，不一会儿，就能得到将来可能的天气变化了。

其实在很久以前，人们就可以简单地预报天气了，聪明的古人能通过风向、风速的改变，甚至是动植物细微的行为改变，来判断未来一段时间里的天气变化，然后利用这些预测安排生活。古代中国人以农业为根本，而天气又是影响农业种植和生产的重要因素，所以聪明的古人就制定了二十四节气，它是用来指导农事的补充历法，通过观察太阳周年运动，来认知一年中时令、气候、物候等方面的变化规律所形成的知识体系。古人根据每个时间段气候的不同，把一年分成24个小部分，每个部分就是一个节气，反映四季变化的有立春、春分、立夏、夏至、立秋、秋

天气雷达长什么样子呢？真的像千里眼和顺风耳吗？

千里眼和顺风耳只是一个比喻，不过天气雷达的样子确实还蛮神气的。

天气雷达：雷达是利用无线电方法发现目标并测定它们空间位置的电子设备。天气雷达又名气象雷达，是专门用于大气探测的雷达，包括测云雷达、测雨雷达、测风雷达、气象多普勒雷达等数种类型。

分、立冬、冬至；反映温度变化的为小暑、大暑、处暑、小寒、大寒；反映天气现象的有雨水、谷雨、白露、寒露、霜降、小雪、大雪；反映物候现象的为惊蛰、清明、小满、芒种。而对渔民来说，预先知道天气情况也是非常重要的，因为海洋作业有时候是非常危险的，比如台风、大雨，都可能把船打翻。所以，天气预报的意义可是非常重大的。

现在的天气预报相比之前的当然要更加准确，科学家们通过大量的气象观测数据和气象学的知识，尽可能准确地确定未来的天气变化。但是大气运动是一个非常复杂的过程，现在的科学水平，还是不能完全正确地预测出未来的天气变化，所以天气预报有时候会出现一定误差。尽管如此，天气预报依然在我们的生活中扮演着重要的角色。只要你多多留意身边的气象现象，学习掌握更多的科学知识，也许有一天你也可以预知未来天气了。

最后考考大家，被称作“千里眼”和“顺风耳”的是什么呢?

小朋友们请把答案写在下面吧。

人工降水：人类也可以呼风唤雨吗？

小问号，你知道哪种天气现象，和农业生产最息息相关吗？

我猜，应该是下雨吧。雨下多了会洪水泛滥，雨下少了又会干旱。

没错，在中国古代，皇帝每年都会举行盛大的祭天仪式，祈祷来年风调雨顺，五谷丰登。

说到下雨，我记得《西游记》里有四海龙王，他们只要打个喷嚏，天上就开始下雨了。

那你知道吗？现在气象学家可以让龙王按照我们的需求“打喷嚏”下雨哟。

我想您说的一定是人工降雨吧。

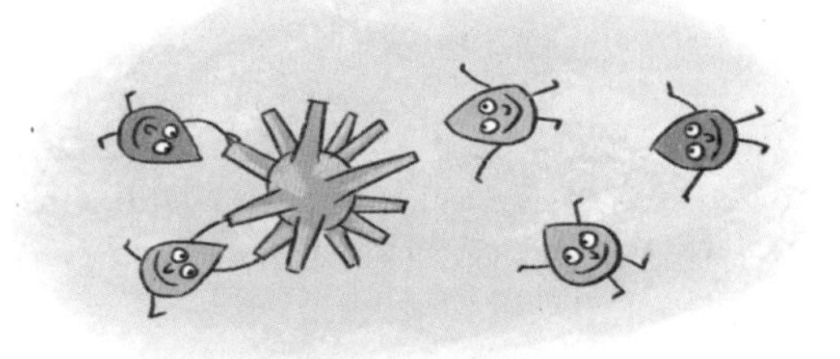

要让龙王按要求“打喷嚏”下雨，首先就必须知道雨究竟是怎么形成的。在前面的内容中我们已经介绍过了，当太阳直接照射海洋表面时，海水会因为受热而蒸发，水分子向上运动变成气态进入到空气中，我们称为水蒸气。可水蒸气十分活跃，并不会一直保持气体的状态，当一阵大风把这部分含着水蒸气的空气旋转着带上天空时，由于那里的温度比地面低，水蒸气会聚集在一起，并与周围的其他物质一起形成云。如果云中有强烈的上升气流，低层的水蒸气就会被带至较冷的高空液化凝结，越来越多的水蒸气在云中变成液态水并聚集在一起，形成一个个小水滴，随后小水滴越来越大，直到空气再也承受不了它们的重量时，它们就会变成雨降落在地上。

说到这里，你是不是已经发现了下雨的两个关键因素？没错，就是云中足够多的水蒸气和可以让水蒸气凝结成小水滴的条件。那么，怎样做才能人为制造这样的下雨条件呢？

首先是水蒸气。云可以产生雨是因为云中含有水蒸气，但并不是所有的云都那么容易下雨，因为不同的云水蒸气的含量千差万别。我们需要选择一块更容易下雨的云。天空中飘着多种多样的云，有的看起来离我们很远，它们平躺在天上，好像不小心泼洒在天空的白色颜料，透过云中的缝隙甚至都可以看到蔚蓝的天空；而有些从底部看，则有点儿发灰，它们竖着站，个头很高，气势磅礴地飘浮在天地之间，似乎抬手就

知识加油站

我们呼出的气体是不是就是二氧化碳？不过我还从没见过固态的二氧化碳呢。

没错，但很多人可能都见过舞台上为了渲染气氛而制造的白雾，使用的正是干冰，也就是固态二氧化碳。

固态二氧化碳：即干冰，白色，半透明，外观像冰。在常温常压下，可不经液化直接变成气体，产生低温。可用作冷冻剂、灭火剂，也用于人工降水。

可以摸到。如果同时看到这两种云，你认为哪种容易下雨呢？后面这一种灰蒙蒙的云又叫积状云，它可不一般，它的肚子里有大量的水蒸气，远比那些飘在高空中淡淡的云彩要容易下雨得多。气象学家通常选择这种云进行人工降雨。

然后，我们就需要想办法让云中的水蒸气凝结成水滴并降落下来，通常有两种办法。前面我们说过，强烈的上升运动会将低层的水蒸气带到高空降温凝结而形成雨，那么，如果我们能找到一种物质让云的温度快速降低，从而使水蒸气在短时间内液化成水滴，是不是就可以下雨了？这种物质就是**固态二氧化碳**，又称干冰。它的温度非常低，冰水混合物的温度是0摄氏度，用手接触一下会感到很冷，而固态二氧化碳远远低于0摄氏度。当它被释放到云层中后，会在瞬间大量地吸收周围的热量，使云中的水蒸气因为突然失去热量而迅速凝结成一个个小水滴甚至小冰晶。固态二氧化碳不断吸热，不断让水蒸气形

成液态水，凝结成小水滴或附着在小冰晶上，当这些小水滴变得足够大时，就会因为太重而从空中掉落下来，形成降水。

除了使用固态二氧化碳，我们还可以在云中播撒化学物质碘化银。这种化学物质很特殊，当它们进入云中成为大量微小的颗粒后，便会吸收周围的热量并迅速使自己变成小冰晶，像一块块小小的磁铁，快速吸引云中的水蒸气，水蒸气碰到它后就会液化成水。然后它们互相碰撞，形成一个个大水滴，最终形成雨。要是你们看到比普通飞机略小的飞机轰隆隆地低空飞过积状云，后面拖着很宽很长的白色尾巴，就请带好雨伞，过不多久应该就有雨滴落下来了。

有时候，气象学家也会同时携带上述两种可以催雨的物质，用高射炮发射到云中，这样不仅可以将催雨的物质播撒在云里，还可以在云中引发强烈的上升气流，使得小水滴彼此碰撞形成大水滴，更快地形成降雨。所以如果你看到气象工作者抬着高射炮往天上打云彩，那不是他们在天上发现了敌人，而是在人工催雨呢！这个时候，没带伞的小朋友要赶紧回家避雨，因为往往随着一声巨响，天上就开始哗啦啦地下雨啦。

因此，想要像四海龙王一样让天空下雨并不难，只要找到一片水蒸气充足的云，让里面的水蒸气快速液化成小水滴就可以了。气象学家或播撒干冰让里面的水蒸气因周围温度快速下降，从而凝结成水滴形成降水；或播撒化学物质碘化银，让大量的碘化银粒子在云中形成一个个小冰晶，水蒸气遇到这些小冰晶则会凝结成液态水并附着在上面，同时这些微粒还增大了水滴的重量，使水滴更容易突破空气的浮力掉落下来。现在，大家对人工降水有了更清晰的了解了吧！

这一讲的内容介绍完了，大家还记得有助降雨的两种物质是什么吗？

在前面的内容中有介绍呢，小朋友们请把答案写在下面吧。

我的答案：

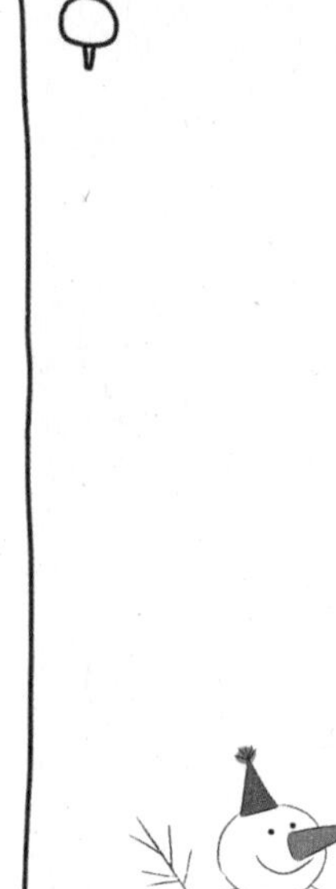

答案：固态二氧化碳（干冰）、碘化银。

海市蜃楼：神奇的大气魔术师

小问号，你喜欢看魔术表演吗？下面我要向大家介绍一位顶了不起的魔术师。

太棒了！我可喜欢看魔术表演了。不知这位魔术师擅长什么有意思的魔术呢？

这位魔术师最擅长的就是把远处的景象搬到你面前，呈现一种看得见却又摸不着的虚拟画面。想不想知道它的魔术是怎样变出来的呢？

哇，这么神奇！那是不是感觉就像把天空当作屏幕，放电影一样呢？

哈哈，你这样比喻很形象哟。

那您快带我们一探究竟吧。

想象这样一个场景：你行走在炎热的沙漠上，口干舌燥，这时，一位魔术师会给你变出一片绿洲，流水潺潺，给你带来丝丝凉爽。再想象这样一个画面：数天来，你航行在一望无际的海面上，唯有波浪做伴，非常无聊，这时眼前突然出现一座悬挂于空中的壮丽城堡，为你的旅程平添了许多欢乐。其实，这位厉害的魔术师就是环绕着地球的大气，它所变的戏法叫作“海市蜃楼”。海市蜃楼呈现的景物变化多端、飘忽不定，而且往往只持续很短的一段时间，神秘得不得了。

过去，在没有科学的方法来解释大气魔术师所变的“魔术”之前，人们把它视作妖魔鬼怪。如今，随着科学的发展，人们才慢慢意识到：这看似神奇的魔术，其实是利用了一种简单的光学原理。

自古以来，就有不少关于海市蜃楼的记载，但最早以科学眼光来看待它的是一本名叫《北方捕鲸航行日记——格陵兰东海岸科学考察及见闻》的船舶杂志，其中记载了1820年夏天，一位船长亲眼看到“飘浮”

于空中的大城市、层层叠叠的教堂和城堡。

大气魔术师还在全球范围内开展巡演呢！这不，在1941年12月10日，它又给大家表演神奇的魔术了！一艘名叫“威顿尔号”的运输船行驶在马尔代夫群岛的海面上时，船上的船员发现海面上有一艘军舰着火了，便立即前往搭救。可刚行驶没多久，那艘着火的舰船便开始倾斜，随即沉没在大海里。“威顿尔号”加速驶往出事地点仔细搜索，可是连一丁点儿的残留物也没找到，甚至连一点儿漂浮的燃料油斑也没有，非常奇怪！等“威顿尔号”返航后才知道，原来又是大气魔术师变的戏法。它把900千米外的一艘舰船遇难的情况，以虚拟画面的形式呈现在船员面前，让大家忙乱了一通。

2015年3月，大气魔术师又来到了中国山东青岛，再次上演一场炫酷的表演。当时正在海边散步的市民发现，在灵山岛附近，海平面上出现了几个高楼状的物体。青岛的海市蜃楼多出现在春夏季，此时海上温度高，空气中水蒸气含量多，容易发生这种现象。

那么海市蜃楼这个魔术是怎么变的呢？原来是由于大气密度不均匀，进而导致光线传播过程中发生弯曲而产生的。喜欢观察生活的同学可能会注意到：把一根筷子插入装有水的玻璃杯中，从侧面看筷子就好像折断了似的。这是因为，光在不同的介质中传播时会发生**折射**。这里，光从空气进入水中发生了偏折，所以产生了这样的视觉效果，给我们造成错觉，好像筷子折断了。海市蜃楼的形成也是同样的道理，不同密度的大气对光的偏折能力不同，也就是说光线在不同的位置，弯曲的程度不一样。光线不同程度的连续弯曲，就呈现出了远方虚拟的画面，简单来说：拐了弯的光线是形成海市蜃楼的主要原因。

一般情况下，我们在看远处的景物时，物体发出的光线是沿直线传播从而进入我们眼睛的，也就是说，沿着光线传播的直线方向，我们就可以找到真实的物体；而海市蜃楼是物体发出的光沿弯曲的路径到达我们眼睛的，所以我们看到的景物是虚幻的，也就是说，沿着光线传播的直线方向，找不到真实的物体，只是远处的景象被搬到我们面前了。

那为什么沙漠中和海面上比较容易出现海市蜃楼呢？这是因为，大气密度的不

原来光也会拐弯啊，我一直以为它到哪里都是直来直去的呢。

那要看光在什么样的介质中传播啦，其实折射这种现象并不仅仅是光所独有的。

折射：光线、无线电波、声波等从一种介质斜射入另一种介质时，传播方向通常会发生改变，从而在不同介质的交界处发生偏折。

同主要是由温度差异造成的。温度高的地方，空气膨胀，密度就低；相反，温度低的地方，空气被压缩，密度就高。海市蜃楼比较容易在沙漠里和海面上出现，是因为这两种环境都比较容易形成“空气温度随高度均匀变化”的条件。在炎热的沙漠里，阳光会把沙子晒得很热，晒热的沙子会把底层的空气加热，形成温度逐渐变化的空气层，这样远处的山峦或天空就会映在沙漠上方。而在相对平静的海面上，热空气缓慢移动到偏冷的海水上，靠近海水的空气被冷却，形成温度上高下低的空气层。这样，本来在地平线以下看不到的景物，经过空气层折射就能到达我们的眼睛。海市蜃楼就是这样出现的！

总的来说，海市蜃楼是一种自然的光学现象，是由于光线从一种介质进入另一种介质时传播方向发生偏折而形成的。海市蜃楼可以使我们看到很遥远的景物，又因为它总是飘忽不定，所以充满了浓厚的神秘色彩，也吸引着很多人想亲眼目睹和体验它。

我的答案：

答案：是由于大气密度不均匀，导致光线在传播过程中发生弯曲，最终形成了海市蜃楼。

大气环流：热爱运动的大气宝宝

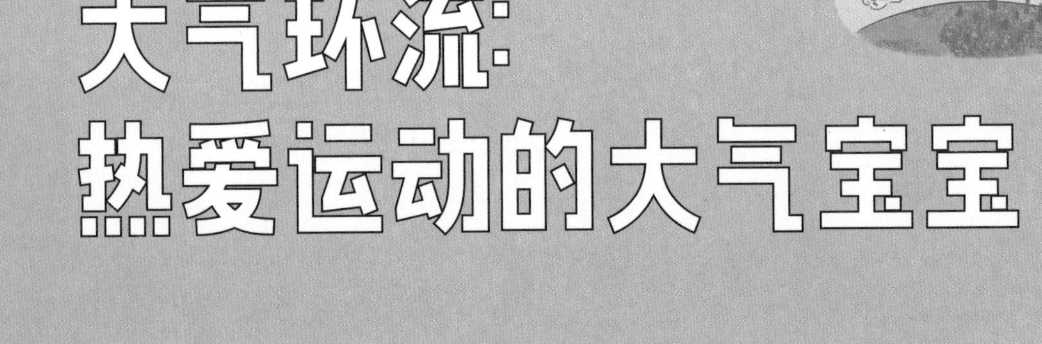

我们知道，地球的表面包裹着一层厚厚的大气层，而与地球上的生命息息相关的便是对流层的大气了。

对流层的大气和其他层的大气有什么不同吗？

你可别小看对流层，它可不是安分的家伙，无时无刻不在运动着。而大范围的大气运动状态，就叫作大气环流。

看来大气宝宝是个爱运动的家伙呢，可它总是到处乱跑呢？

影响大气运动的因素有很多哟。

我很想知道答案呢，科学队长快讲讲吧。

首先来介绍一下控制大气环流的“三大天王”，它们分别是太阳辐射、地球自转和地表不均。

我们知道，万物生长靠太阳，太阳辐射便是首位天王，是它哺育了地球上的生命，而地球上覆盖的大气自然也会受太阳辐射的影响。由于我们生活的地球是一个球体，所以到达每个地方的太阳辐射的能量是不同的，中间**赤道**的位置正对着太阳，接受的太阳光最多；**两极**地区侧对着太阳，接受的热量就少。由于热胀冷缩，赤道地区的大气开始膨胀，身体越来越轻，慢慢地便飘到天上去了，一直飘到对流层顶。赤道对流层顶的大气越来越多，使这里的气压比极地高空的气压高。就像河水从高处流向低处一样，大气也会不由自主地从气压高的地方往气压低的地方跑，这样在高空就形成了从赤道跑向极地的气流。这些受热膨胀的大气到了极地之后受了凉，突然瘦了身，便又掉到了地上。这下，极地的地面热闹啦，大气都要

赤道和两极：赤道是指环绕地球表面与南北两极距离相等的圆周线。它把地球分为南北两个半球，其纬度是0°。南极和北极是地球的两个端点，在北半球的叫北极，在南半球的叫南极，南北极点的纬度都是90°。

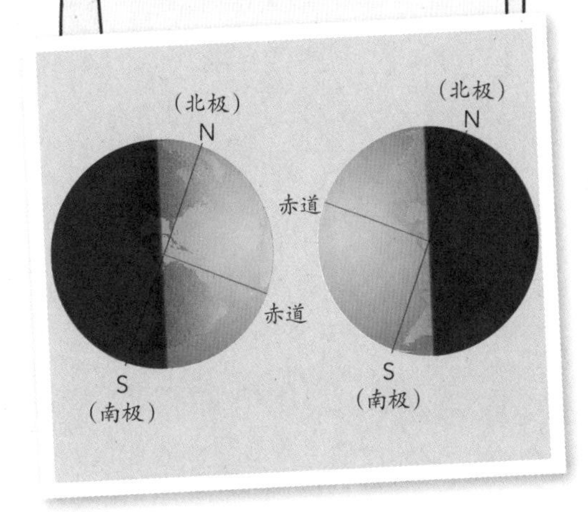

知识加油站

我知道地球每时每刻都在自转，却没想到它还会影响大气的长途旅行。

没错，了解地球自转，对于了解下面要讲的内容非常重要。

地球自转：地球绕自转轴自西向东的转动，从北极点上空看呈逆时针旋转，从南极点上空看呈顺时针旋转。目前，地球自转一周的时间为23小时56分4秒，在地球赤道上的自转速度为466米/秒。

挤不下了，气压也比赤道的地面气压高，大气就又乘着气压滑梯回到了赤道。赤道还是那么热，大气又开始膨胀上升……这就是科学家所说的单圈环流。

但事实上，大气的运动并没有这么简单，因为除了太阳辐射，控制大气环流的还有其他两位天王。第二位天王是**地球自转**。地球在自转的同时也带着地面上的我们一起转动。也就是说，即使你一整天都坐在家里，但从地球外的宇宙空间看，你已经随地球走了好远的路。在平时的生活中，地球自转对我们的影响并不明显，但在像大气从赤道跑到极地这样的长途旅行中，自转的影响就很显著了。那么，地球自转有怎样的魔力，得以改变了单圈环流呢？

本来，北半球的大气已经瞄准了正北方向向极地进发，但因为地球一转，大气就晕头转向，找不到正北方向了。北半球的大气越走越偏右，走到北纬30°，原本向北走的大气已经右转到向东了。大气在

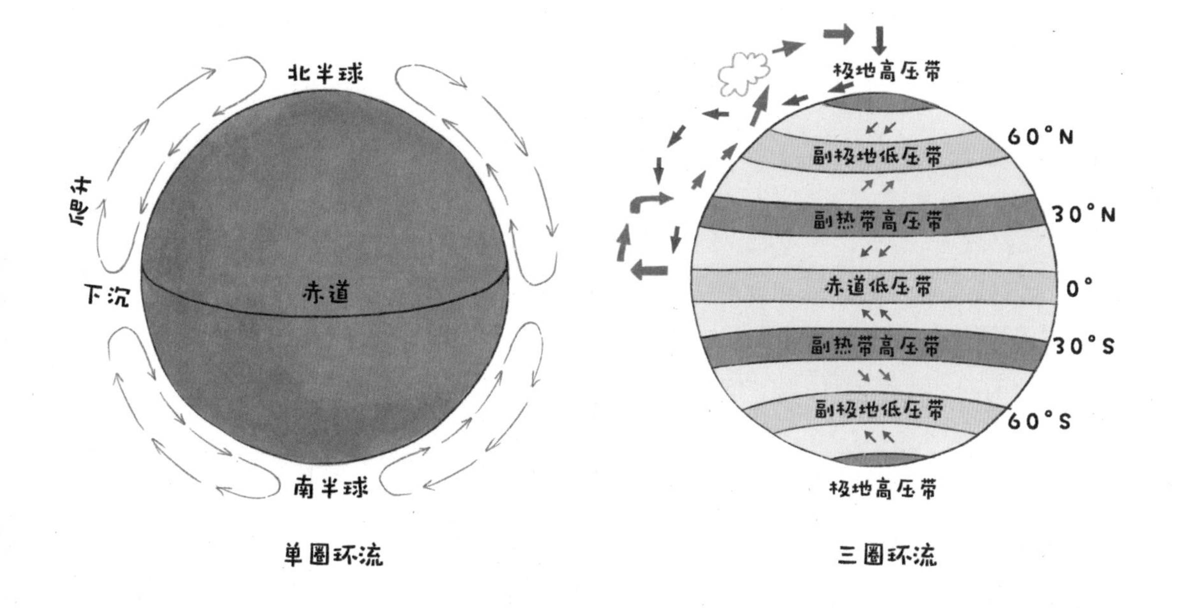

单圈环流　　三圈环流

这里越聚越多，开始下沉，使地面气压升高。在这里，下沉到地面的大气会分成两队，一队转向南，一队继续向北。向南的一队走着走着走回了赤道，回头一看，它们来的方向是东北方，于是在地面形成了稳定的东北风。这便是我们要介绍的第一个环流圈，即低纬环流。同样的道理，在北极沿地面向南出发的大气走着走着也变成了西南方向，在北纬60°左右上升，在高空分成两队，向北的一队逐渐变成了东北方向回到寒冷北极，重新掉回地面，形成了第二个环流圈——高纬环流，也称极地环流圈。在这两个环流圈之间还有一个环流圈，即中纬环流，中国大部分地区都处在中纬的环流圈。这就是三圈环流。

但事实上，处于中纬西风带的我们并不是处处都会迎来西风，否则冬天也不会呼呼地吹北风了。这是为什么呢？这时就要让第三个天王出场啦，它就是地表不均。这是什么意思呢？我们知道，我们的地球有陆地，有海洋，有高山，有平原，各种地形的分布不是整整齐齐的，或者说，它们的分布实在是乱七八糟，大大小小、高高低低，这些地形会影响大气行进的路线。遇到高山阻隔，不是所有的大气都能翻山越岭，一部分大气爬不上去，只好绕着走了。再加上海洋和大陆的温度不同，这些因素都会影响大气的行走路线。

大气环流的路线能告诉我们什么呢？通常来说，在三圈环流中，大气上升的地方，比如赤道地区，降水会非常丰富；而大气下沉的地方，降水就会非常稀少。当然，本讲所介绍的这些影响大气环流的因子，主要影响一个地区长期的气候特征。事实上，大气的运动是比较复杂的，影响大气运动的因素还有很多，它们可能会形成反常的气候和时间较短的天气现象，这就需要我们多多了解大气运动的规律，更好地了解地球的知识，掌握了这些，说不定能成为一名大气科学的专家呢！

说完了关于大气的故事，你还记得影响大气环流的主要因素有哪些吗？

我知道，是“三大天王”，小朋友们快把它们的名字写下来吧。

我的答案：

答案：太阳辐射、地球自转、地表不均。

全球变暖：地球“发烧”了？

小问号，你听说过“全球变暖”吗？

听说过，近年来地球的气温变得越来越高，就是“全球变暖”吧。是地球感冒发烧了吗？

说地球“发烧”是一种形象的比喻，但这种发烧却不是感冒引起的，而是与我们人类的活动有密切的关系。

所以我们现在倡导节能减排的生活，对吗？那科学队长，地球的温度变化完全是因为人类活动带来的吗？

其实地球的气候温度一直都在变化中，只是比较缓慢。

那到底是怎么回事呢？您快给我们讲讲吧。

你可能会问了：我们的地球真的在变暖吗？为什么我没有感觉到呢？其实，我们身边的事物，包括我们自己都处于不断变化之中，只是有的变化显而易见，而有的却不易察觉。比如太阳东升西落，一天中每一时刻的位置都在改变，从清晨到中午，短短几小时的工夫，太阳就已经从地平线爬到了我们头顶，一天之中温度的变化也很容易观察；而一年之中，正午太阳每天在天空中的位置会有变化，地球上每一地点获得的热量也随之改变，因而在中高纬度地区出现了明显的四季更替的现象。

让我们把时间的尺度再放大，大到上百年、上万年、上亿年……会发生什么呢？我们会发现，在上亿年的时间里，全球的气温也是像春夏秋冬一样发生着变化，一段时间里温度非常低，我们称它为**大冰期**，另一段时间里气温非常高，我们称它为大间冰期。在地球46亿年漫长的历史中，共出现过三次大冰期，分别为震

冰期：又称冰川时期，指地球表面覆盖有大规模冰川的地质时期。两次冰期之间相对温暖的时期，称为间冰期。冰期有广义和狭义之分，广义的冰期又称大冰期，狭义的冰期是指比大冰期低一层次的冰期。

旦纪大冰期、石炭－二叠纪大冰期，以及我们现在正在经历的第四纪大冰期。

可能有的小朋友会问，现在的夏天这么炎热，我们居然还处在大冰期中，那大间冰期的温度该有多高呢？其实，恐龙生活的中生代就处于大间冰期，那时连极地都没有冰，全球的平均气温要比现在高出 8 ～ 12 摄氏度。要是再细分，大冰期和大间冰期还可以分为更多温度起伏比它们小一些的冰期和间冰期。这样算下来，我们又处于大冰期的间冰期了，也就是说，我们所生活的时代，相对于地球漫长的历史而言，既不是最冷，也不是最热的时代。

大冰期的冰期非常寒冷，全球的平均气温要比现在气温低 7 ～ 9 摄氏度，那样的话，南方的小朋友们也可以在院子里堆雪人啦。很多地方都会被冰雪覆盖，海平面会下降，渤海湾会露出水面。也就是说，如果我们生活在大冰期的冰期，从北京到日本既不用坐飞机，也不用搭船，乘坐汽车就可以到了。科学家们发现，那时海平面比现在低，有的海洋成了陆地，古代的动物可以直接从亚洲大陆经过朝鲜半岛走到日本呢！

在这漫长的时间里，由于地球轨道参数的变化、板块运动和火山活动等的影响，全球气候不断变化，才造成了冰期与间冰期的冷暖交替。既然全球气温自始至终都是变化的，现在的气温既不是最冷，也不是最热的，那为什么又说我们正在经历"全球变暖"的过程呢？

其实，我们生活的地球是个慢性子，它因为自身原因引起的气温变化是一个非常缓慢的过程。要知道，历史上，离我们最近的一次冰期的鼎盛期也发生在1.8万年前！但是，在工业革命之后，也就是当人类发明了呜呜冒烟的火车、轮船，以及通过大量燃烧煤和石油来提供人类活动和工业生产需要的能量之后，气温变化的速度就不像之前那样缓慢了，气温开始嗖嗖地攀升，原本数千年才能完成的变化竟然在短短几十年就完成了。气象学家发现，100年来，最暖的5年全都发生在1997年之后，20世纪北半球温度的增幅，可能是过去1000年里最高的！

难道是地球突然变了脾气，成了一个急性子？为此，气象学家做了很多科学实验。他们先模拟了自然因素的变化，得到过去100年的气候状况，但它和实际的气候很不一样。当科学家把人类活动的因素也加进去时，得到的结果和过去100多年的气候变化就很相像了。因此，可以确定的是，全球气候正经历以变暖为主要特征的变化，近50年的气候变

化很可能是由我们人类的活动造成的。

那么，为什么近些年来的人类活动会造成全球变暖呢？这和那些大大小小的冒着浓烟的烟囱是分不开的。那些浓烟里包含了二氧化碳和甲烷等，它们被称为温室气体。其实，这些温室气体一直都存在，它们就像给地球盖上了一条被子，保存住了一些热量，这样才不至于在没有太阳的时候气温一下子降得很低，生命才得以存活。但是，地球本身盖的是一条合适的薄被，而人类不断排放的大量温室气体，硬是把地球的薄被换成了越来越厚的大棉被，地球自然就越来越热了。

除此之外，人们大量砍伐森林，也使得地球越来越热。因为森林就像地球的肺，它可以吸收二氧化碳，释放氧气，并把碳元素储存起来，使地球身上的被子不至于太厚。但森林被破坏之后，它的调节能力大大减弱。人类活动使得森林自身难保，已经很难帮地球减轻负担了。

人们感到夏天越来越热之后，便发明了空调。但空调在给人们带来凉爽的同时，也排放出了一种破坏分子——氟利昂。在紫外线的作用下，这个破坏分子用它的武器——氯原子，专门破坏臭氧层。更可怕的是，这个氯原子具有金刚不坏之身，它可以毫发无损地破坏组成臭氧层的臭氧分子，也就是说破坏一个臭氧分子后，还可以继续破坏下一个。

臭氧层就像地球的一把保护伞，可以阻挡强紫外辐射到达地面，从而保护了地球上的生命。当臭氧层遭到破坏时，人们患上皮肤癌、白内障和免疫缺损症的风险将大大增加。

人类活动对近代气候的变化有着不容忽视的影响，全球变暖正成为百年来气候的主要特征，虽然近现代的变暖没有达到几亿年前的大间冰期那般炎热，但和地球自身缓慢的气候变化相比，人类活动影响气候的速度可以实实在在称得上剧变了。这样迅猛的变化使得四季气候异常，干旱、暴雨等灾害纷纷来袭。除了影响人们的生活之外，全球变暖还会影响自然生态系统，引起海平面升高、冰川退缩、冻土融化，并改变一些动植物的生活习性，等等。自然生态系统由于适应能力有限，容易受到严重的甚至不可恢复的破坏。因此，节能减排，低碳发展，减缓人为因素造成全球变暖，也是我们不可推卸的责任。你愿不愿意加入保护地球的队伍当中呢?

听完了这一讲的介绍，大家还记得地球现在处于哪个时期吗？

您是说地球的气候和温度。那请小朋友把答案写在下面吧。

我的答案：

答案：第四纪大冰期的间冰期。